Viaje e

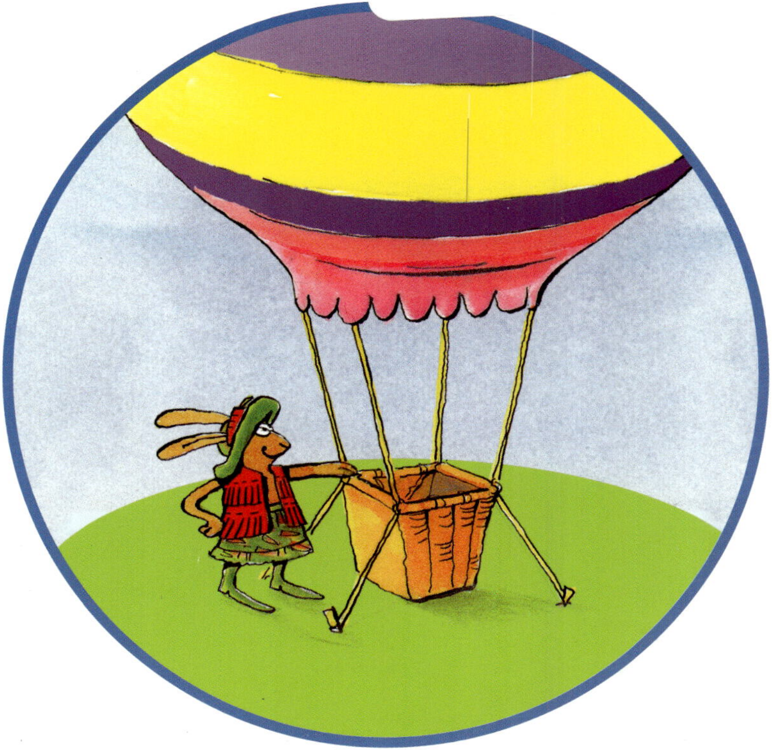

escrito por Theresa Bryson • adaptado por Janeth Patarroyo
ilustrado por Sandra Cammell

Yo veo la casa.

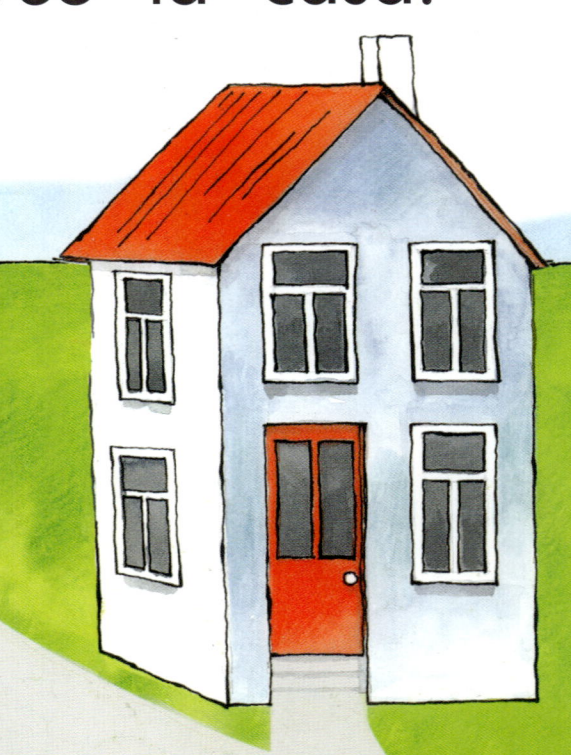

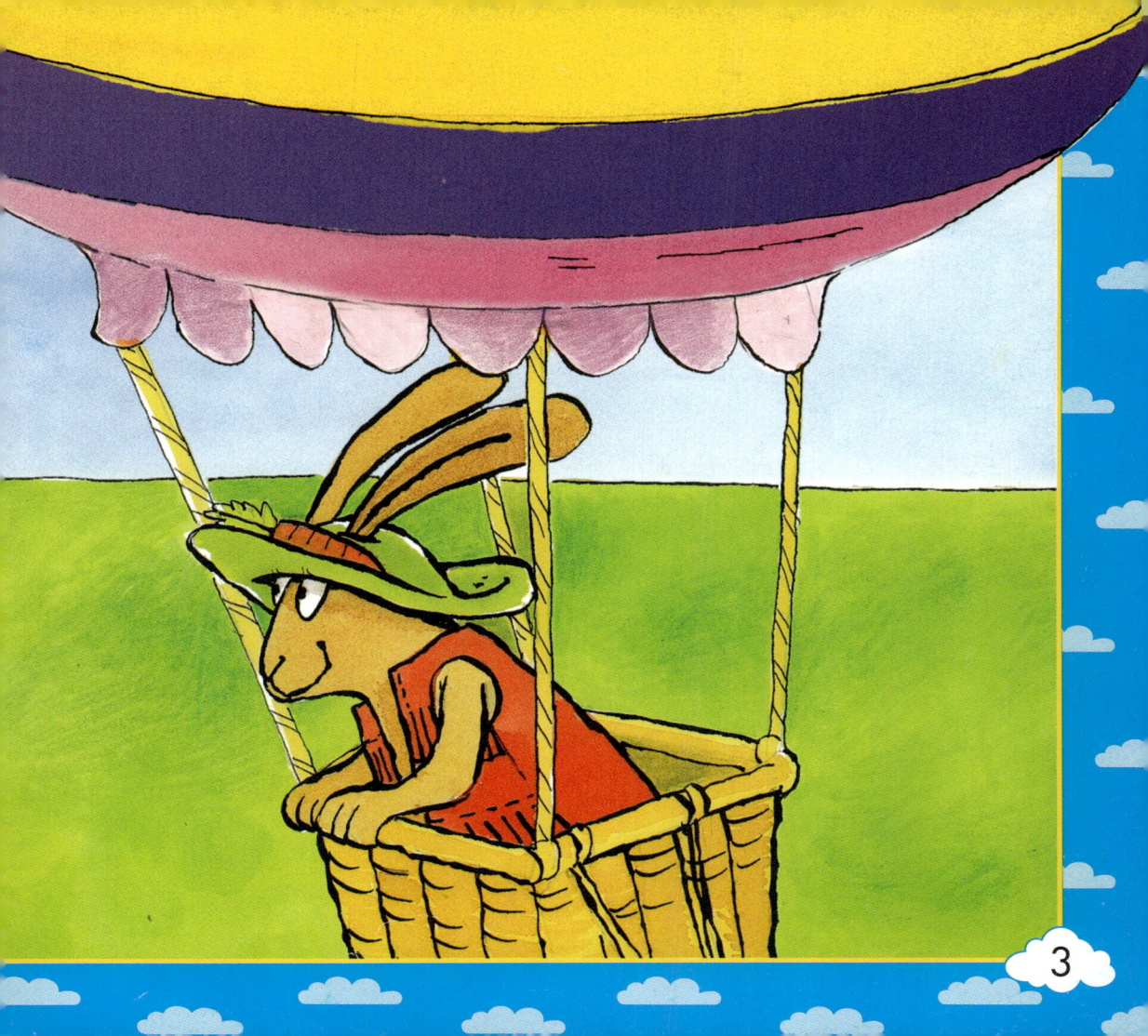

Yo veo el carro.

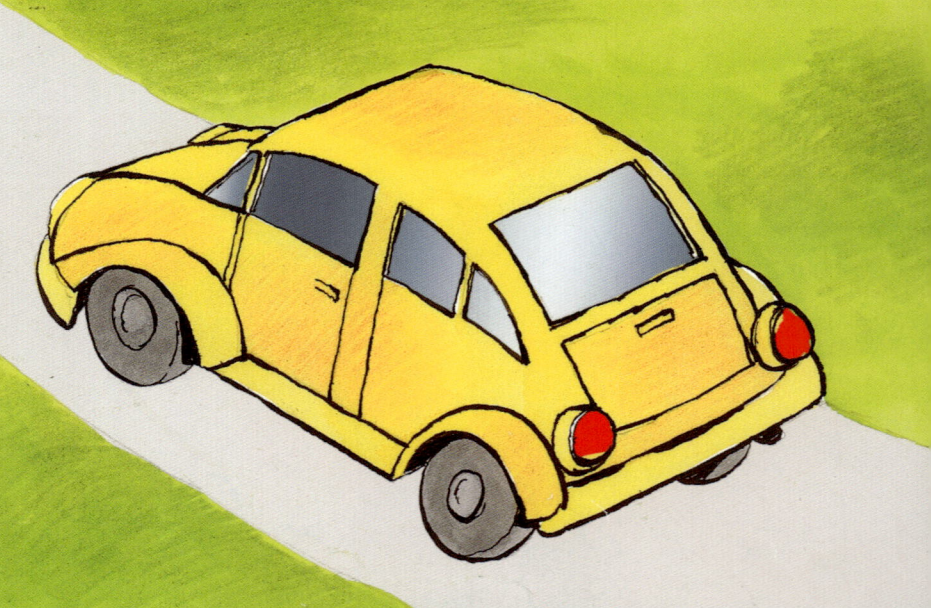

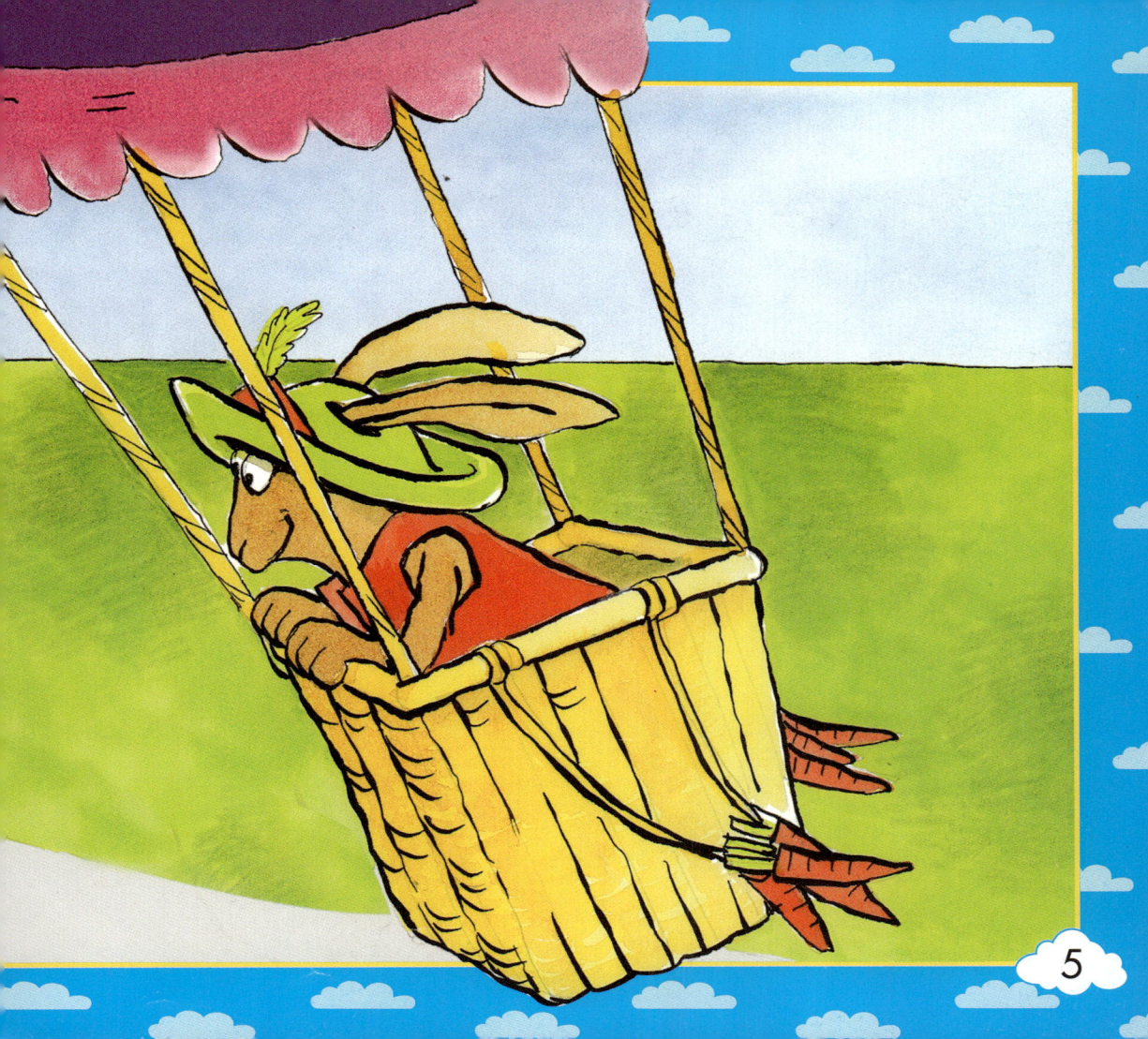

Yo veo el autobús.

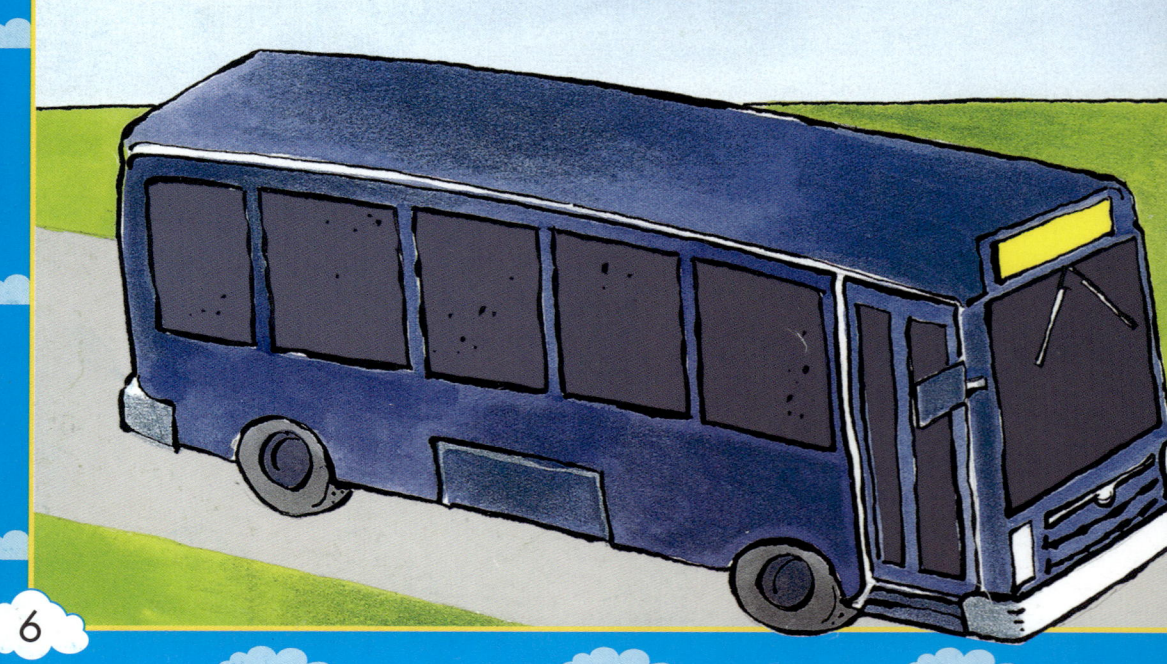

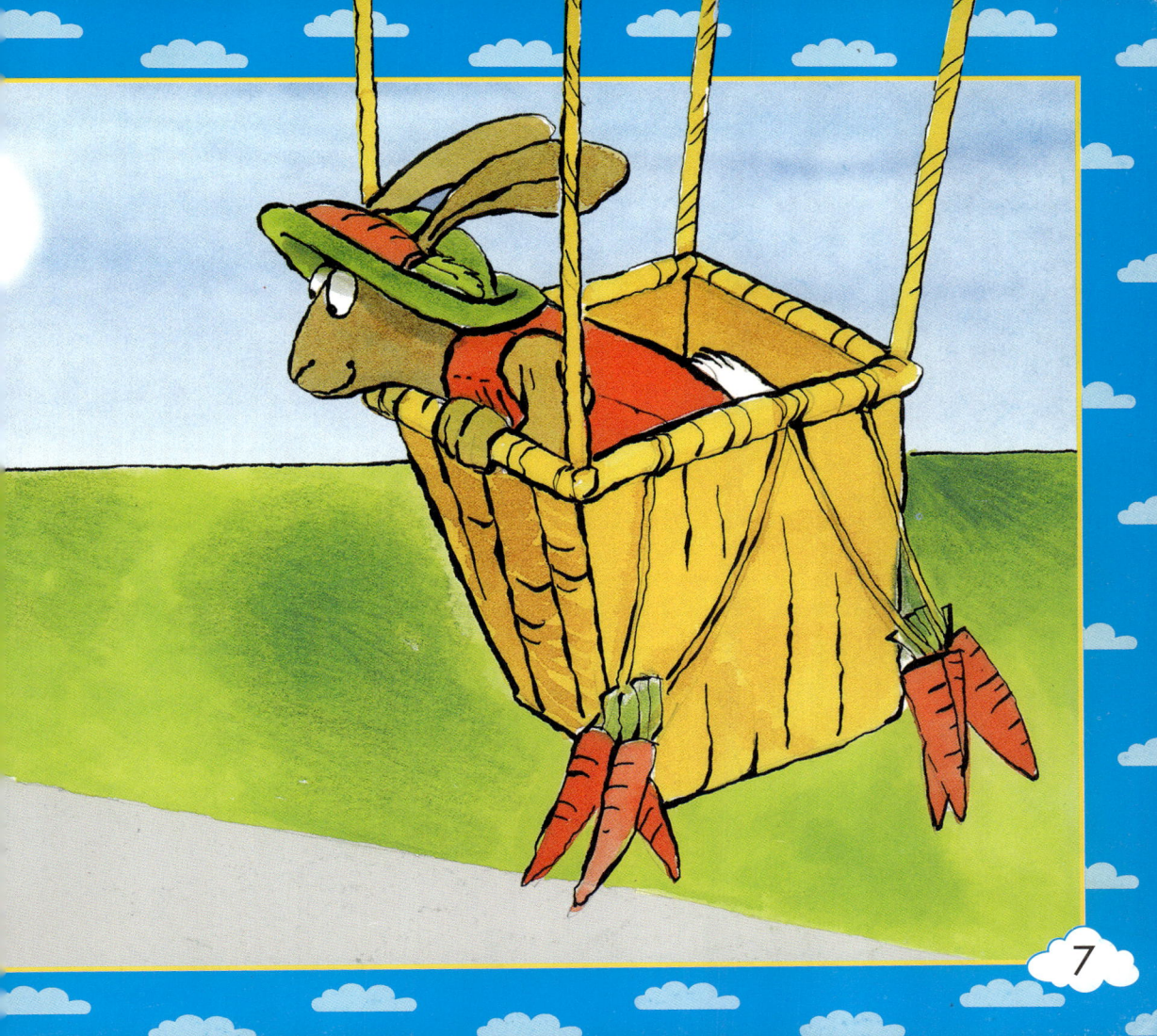

Yo veo el granero.

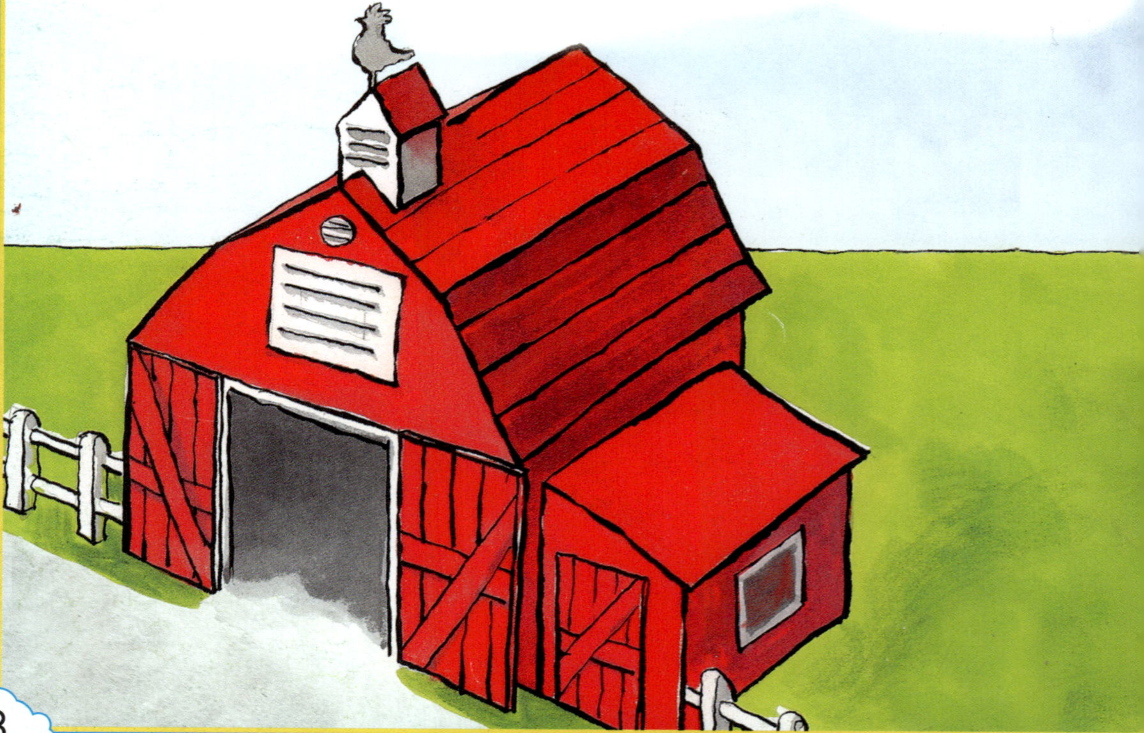

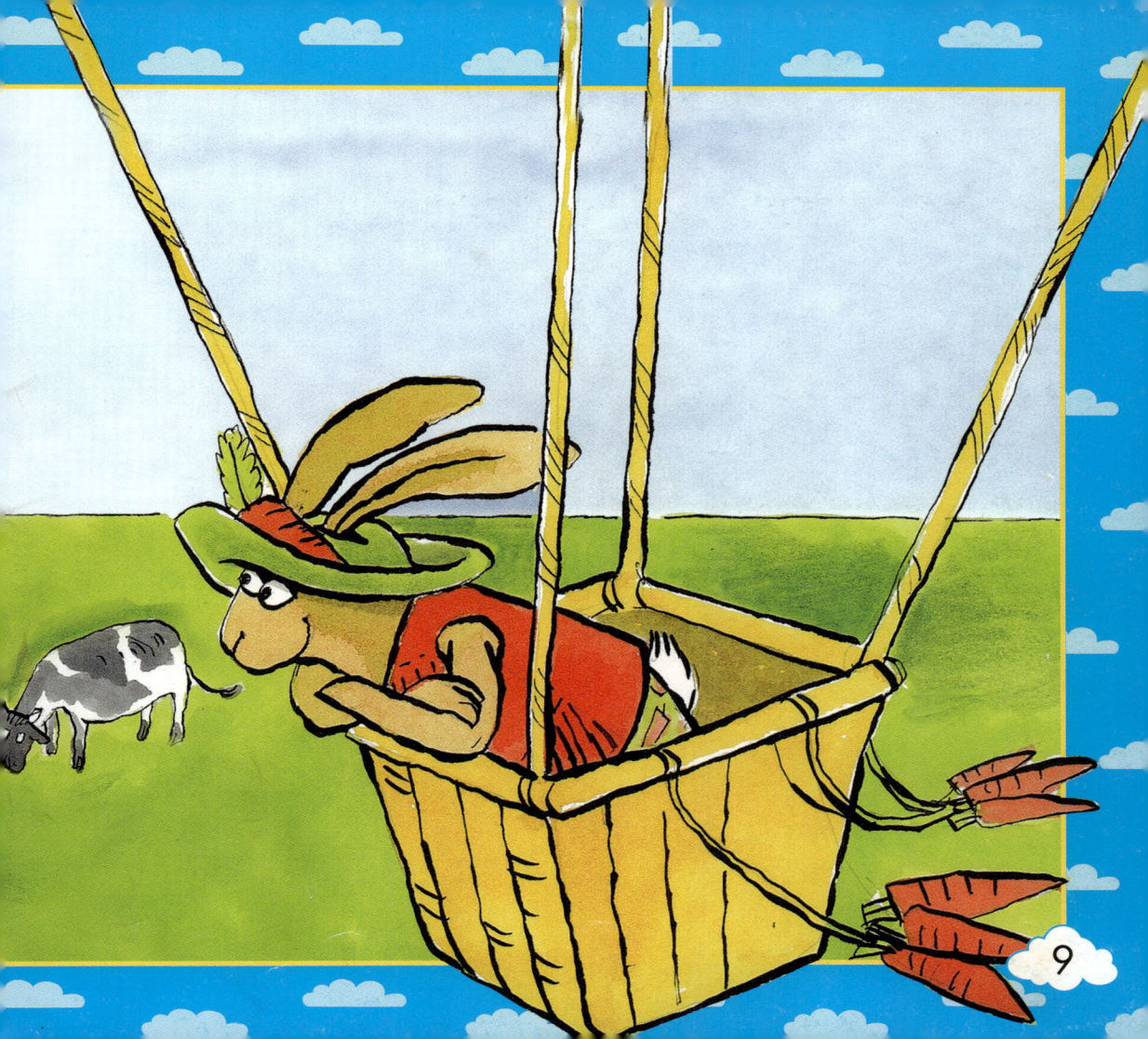

Yo veo la banda.

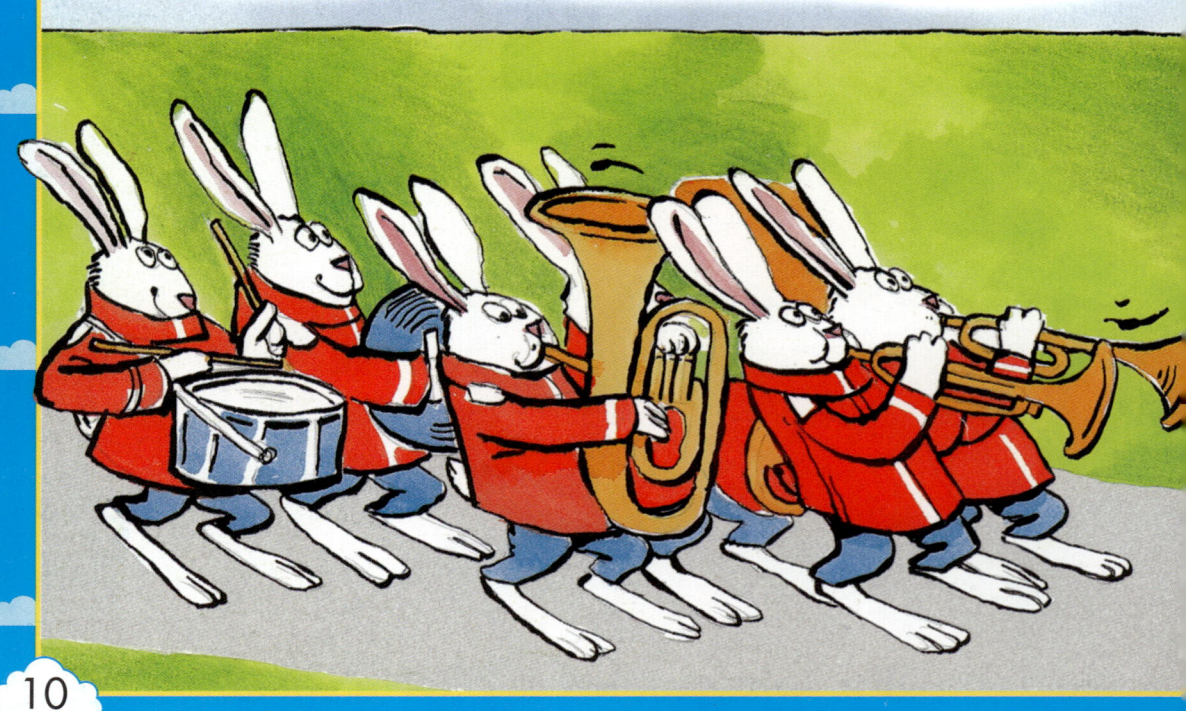

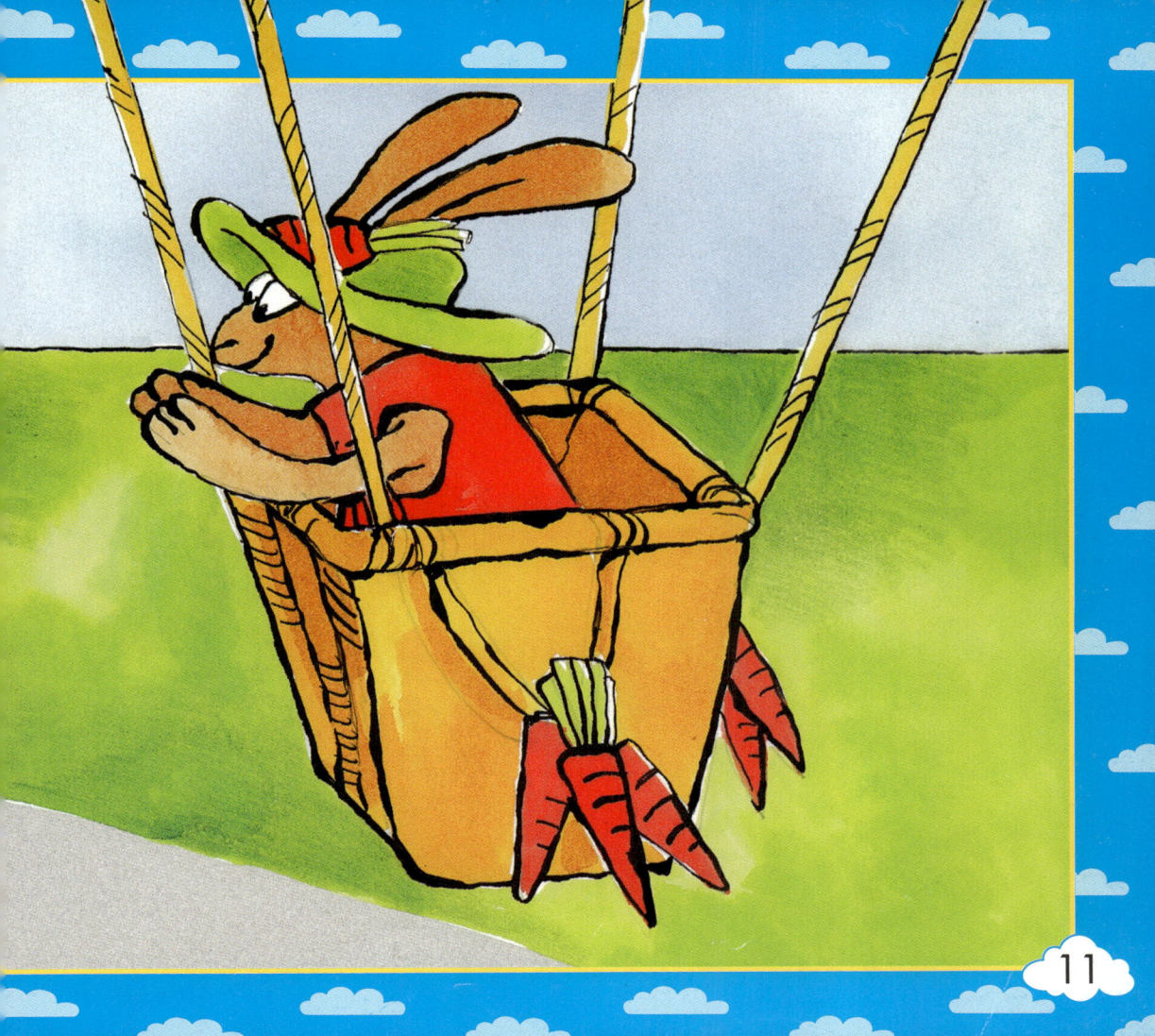

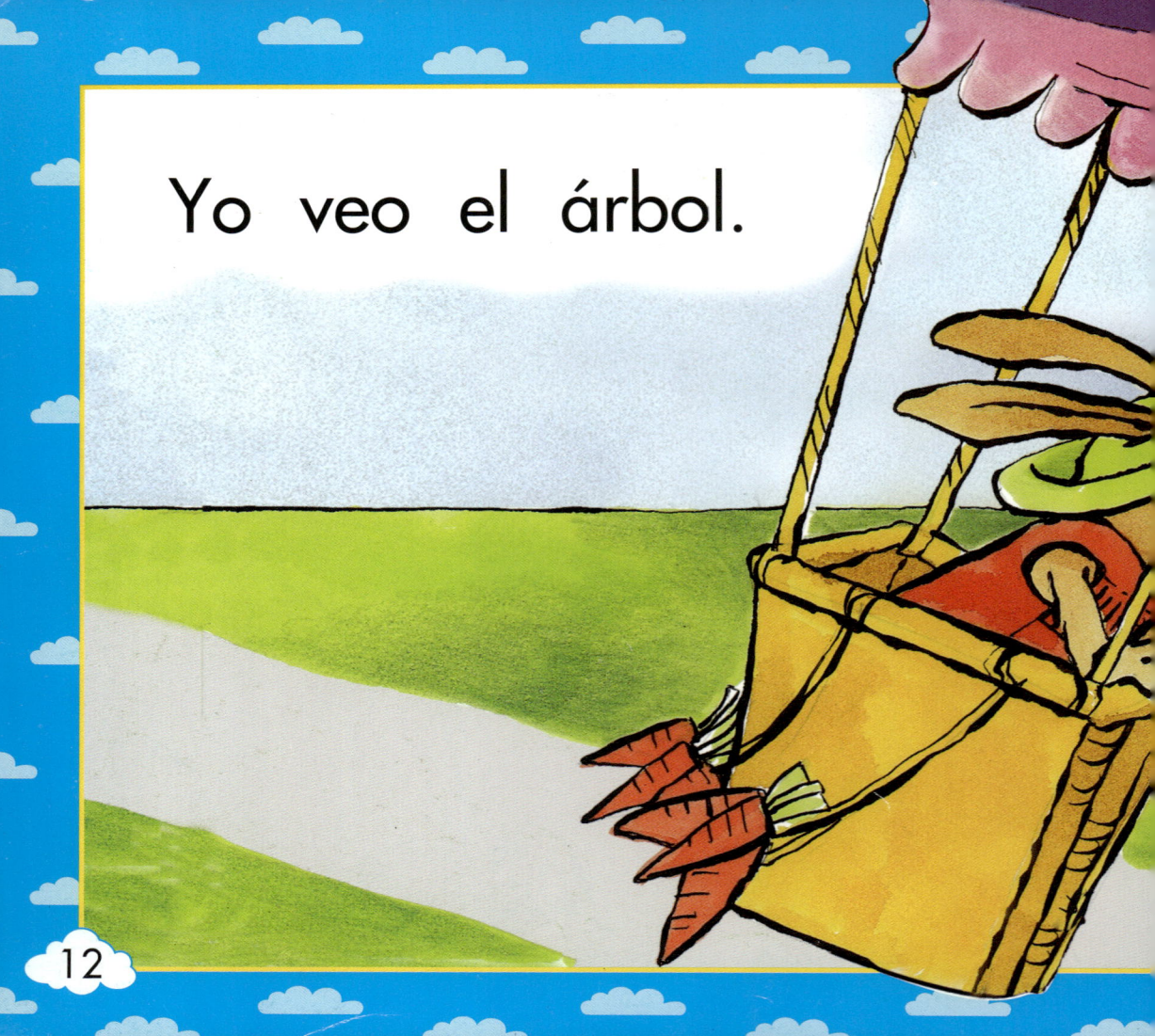
Yo veo el árbol.

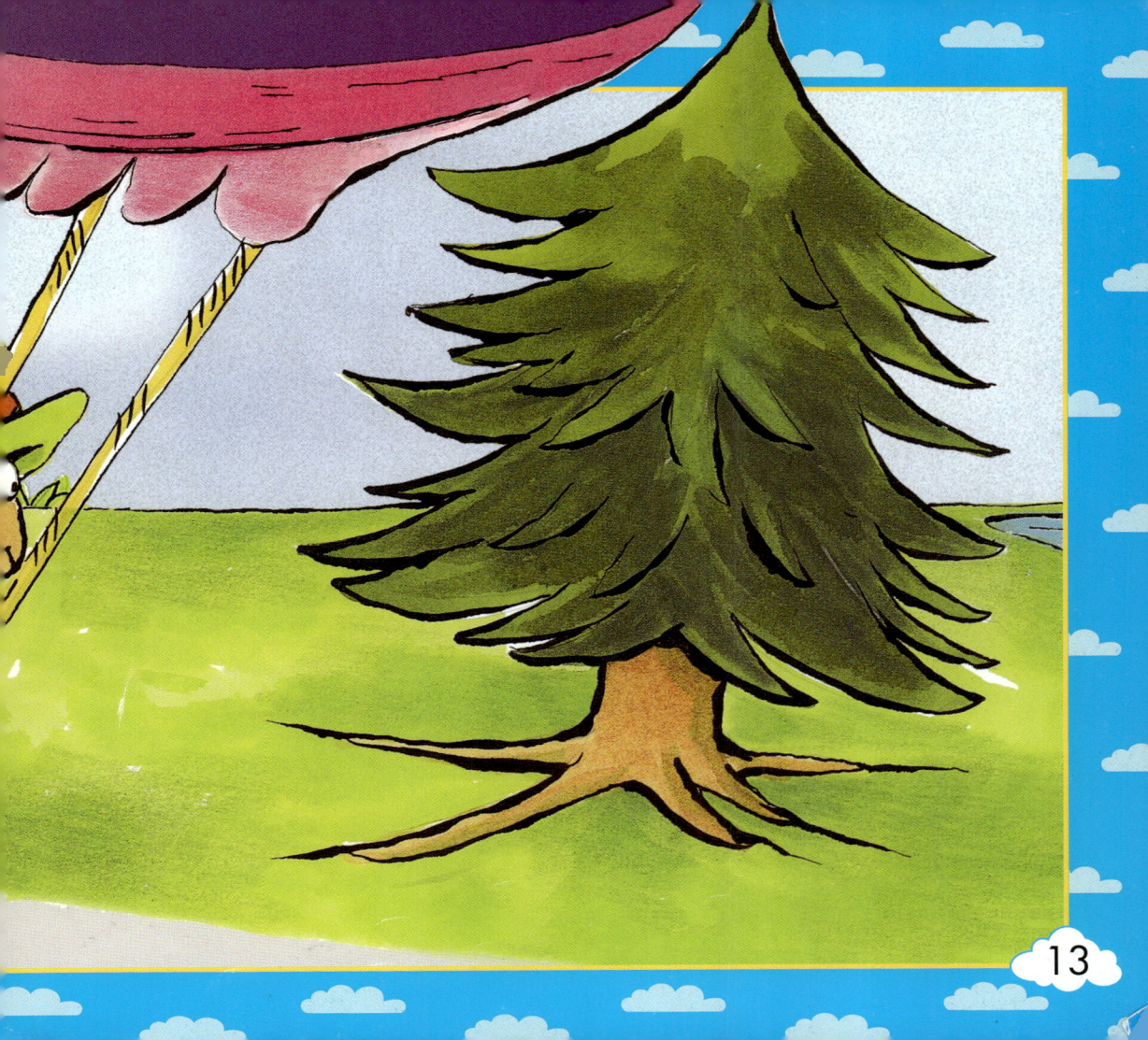

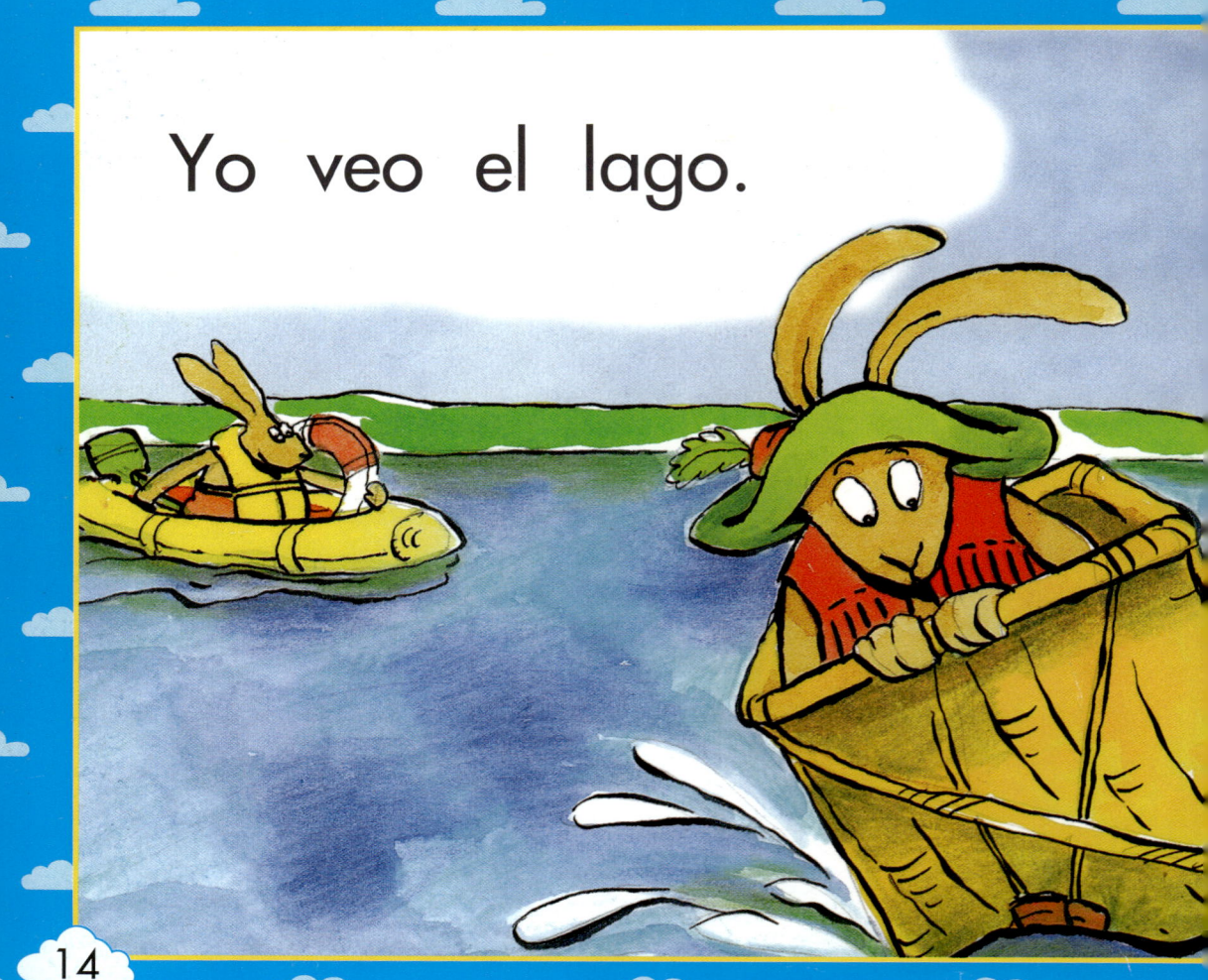

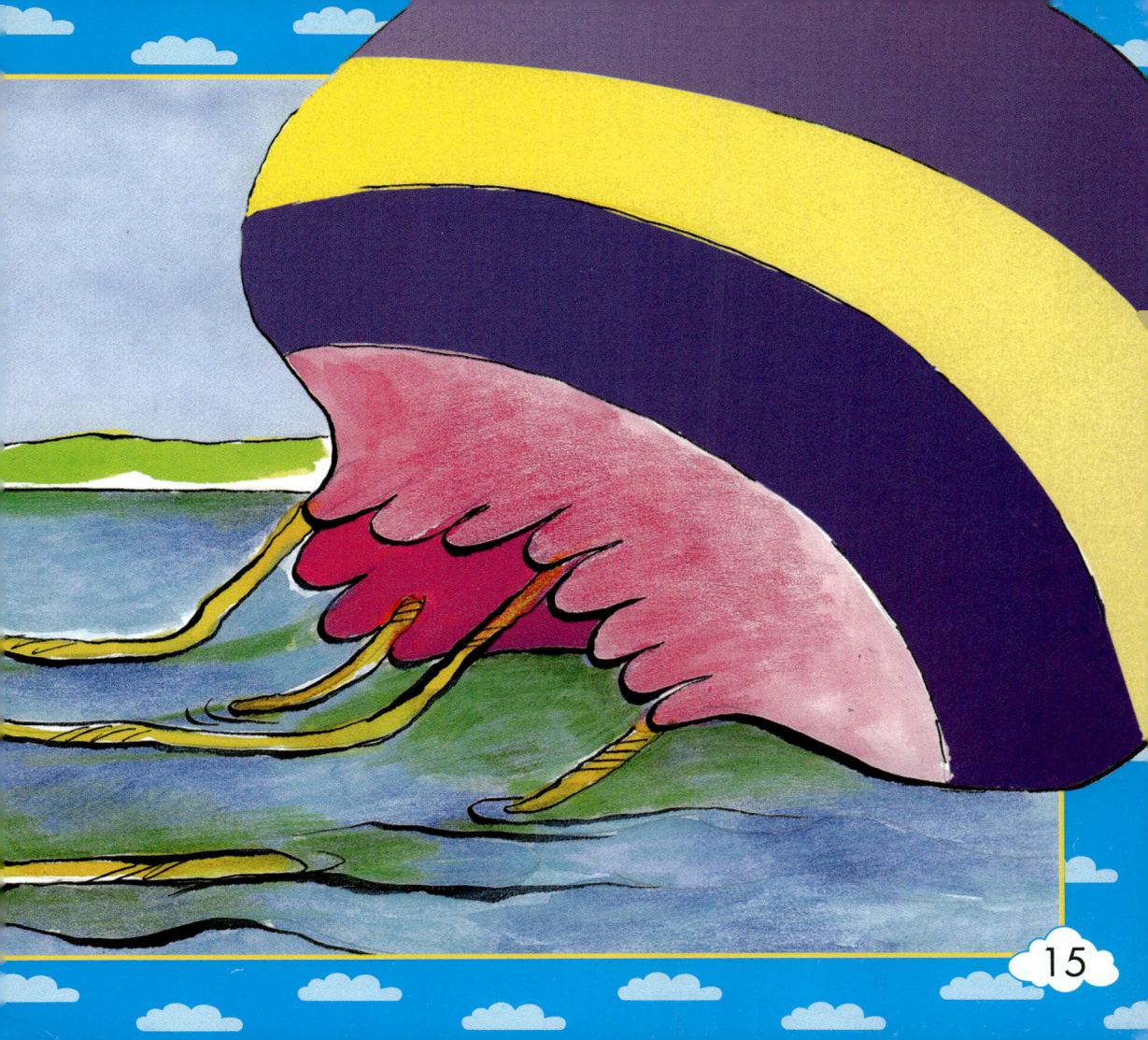

Yo veo el bote.

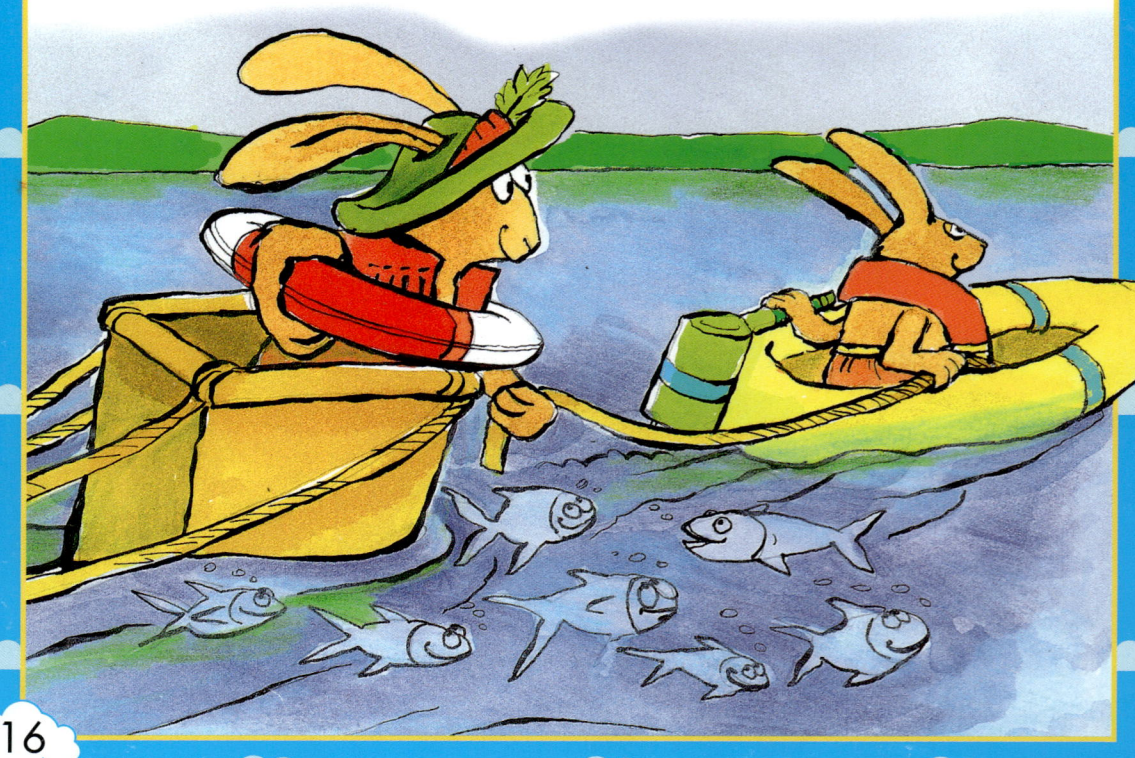